Ofelia Castañeda López

Hacia una sustentabilidad ambiental

AF153256

Ofelia Castañeda López

Hacia una sustentabilidad ambiental

Una visión ética del desarrollo

Editorial Académica Española

Impressum / Aviso legal

Bibliografische Information der Deutschen Nationalbibliothek: Die Deutsche Nationalbibliothek verzeichnet diese Publikation in der Deutschen Nationalbibliografie; detaillierte bibliografische Daten sind im Internet über http://dnb.d-nb.de abrufbar.

Alle in diesem Buch genannten Marken und Produktnamen unterliegen warenzeichen-, marken- oder patentrechtlichem Schutz bzw. sind Warenzeichen oder eingetragene Warenzeichen der jeweiligen Inhaber. Die Wiedergabe von Marken, Produktnamen, Gebrauchsnamen, Handelsnamen, Warenbezeichnungen u.s.w. in diesem Werk berechtigt auch ohne besondere Kennzeichnung nicht zu der Annahme, dass solche Namen im Sinne der Warenzeichen- und Markenschutzgesetzgebung als frei zu betrachten wären und daher von jedermann benutzt werden dürften.

Información bibliográfica de la Deutsche Nationalbibliothek: La Deutsche Nationalbibliothek clasifica esta publicación en la Deutsche Nationalbibliografie; los datos bibliográficos detallados están disponibles en internet en http://dnb.d-nb.de.

Todos los nombres de marcas y nombres de productos mencionados en este libro están sujetos a la protección de marca comercial, marca registrada o patentes y son marcas comerciales o marcas comerciales registradas de sus respectivos propietarios. La reproducción en esta obra de nombres de marcas, nombres de productos, nombres comunes, nombres comerciales, descripciones de productos, etc., incluso sin una indicación particular, de ninguna manera debe interpretarse como que estos nombres pueden ser considerados sin limitaciones en materia de marcas y legislación de protección de marcas y, por lo tanto, ser utilizados por cualquier persona.

Coverbild / Imagen de portada: www.ingimage.com

Verlag / Editorial:
Editorial Académica Española
ist ein Imprint der / es una marca de
OmniScriptum GmbH & Co. KG
Heinrich-Böcking-Str. 6-8, 66121 Saarbrücken, Deutschland / Alemania
Email / Correo Electrónico: info@eae-publishing.com

Herstellung: siehe letzte Seite /
Publicado en: consulte la última página
ISBN: 978-3-659-08946-6

Indice

Resumen

En la década que va de la Cumbre de Río (1992) a la Cumbre de Johannesburgo (2002), la economía se volvió economía ecológica, la ecología se convirtió en ecología política, y la diversidad cultural condujo a una política de la diferencia. El trabajo expone como, históricamente, se está dando una transformación hacia una ética política. De la dicotomía entre la razón pura y la razón práctica, de la disyuntiva entre el interés y los valores, la sociedad se desplaza hacia una economía moral y una racionalidad ética que inspira la solidaridad entre los seres humanos y con la naturaleza. El estudio para la sustentabilidad promueve la gestión participativa de los bienes y servicios ambientales de la humanidad para el bien común; la coexistencia de derechos colectivos e individuales; la satisfacción de necesidades básicas, realizaciones personales y aspiraciones culturales de los diferentes grupos sociales.

Palabras clave: Medio, ambiente, desarrollo sustentable, sostenible, ética, sociedad.

Antecedentes y concepto del desarrollo sustentable.

Para terminar con el uso y abuso de las especies, el deterioro del planeta y el capital del ecosistema, se necesitan cambios como el de crecer hasta llegar a un desarrollo sustentable, sin embargo el crecimiento es diferente al desarrollo y es cuando se presenta el problema del crecimiento económico por desigualdades.

En la actualidad necesitamos un planeta y medio, ya que se está agotando, al irse contra el capital natural y acabando la esencia natural del desarrollo, si las tendencias de consumo y crecimiento poblacional siguen así, estaremos utilizando para el 2050 cerca de tres planetas, por lo cual se debe decrecer hasta un punto sustentable que nos lleve a un equilibrio entre la sociedad y el medio ambiente. En otras palabras, el desarrollo es insustentable y las generaciones presentes están obligadas a realizar los cambios necesarios para que sea sustentable.

En los años 80`s surge el desarrollo sustentable sin embargo las desigualdades del I.P.B alto del crecimiento no permitió lograr un desarrollo. Las sociedades empiezan a formarse en torno a los temas ambientales y en Europa son los primeros partidos verdes que se forman. Se empiezan a cuestionar que es lo que están haciendo con el medio ambiente, por lo cual se forma la conferencia de Estocolmo que dio las pautas de impacto entre la salud humana y el medio ambiente, se observó como la industrialización principalmente causa efectos nocivos hacia la salud humana, se hicieron programas para el medio ambiente, las instituciones se vinculan a las de salud, desde la ciencia se ve la ecología que da un cambio entre el medio ambiente biótico y cómo interactúan entre sí.

Las relaciones entre la sociedad y la naturaleza hacen una línea que no llega a largo plazo por lo que se genera el ecodesarrollo. Las Naciones Unidas dicen que la economía no puede seguir como esta, el desarrollo no solo se puede medir con el crecimiento del producto bruto, el desarrollo humano también debe de tener sus indicadores, tienen que incorporarse a este índice, pero no es suficiente, puede haber bienestar económico siempre que haya una mejor distribución, sin embargo el crecimiento económico de un país es a costa de los recursos naturales al explotarlos, pero el costo es altísimo porque los recursos llegan a ser no renovables. Un concepto que nos dice que el desarrollo debe de ser igual al cambio y que este debe de satisfacer las necesidades, es el desarrollo sustentable el cual es aquel que satisface las necesidades de las generaciones presentes sin comprometer las capacidades de las generaciones futuras para satisfacer sus propias necesidades.

Al no comprometer las capacidades de las generaciones futuras incluye dos cosas:

1) Compromiso intergeneracional.
2) Limitar los recursos naturales más allá de lo que puede crear o absorber.

Años 70´s. Existe un cuestionamiento a la economía donde se dice que el crecimiento no es igual al desarrollo. América Latina tiene un PIB alto, a la par de sus desigualdades.

En 1972, Primera Conferencia Mundial, en Estocolmo. "*Medio Ambiente Humano*", dio las pautas de una gran cantidad de información de impacto entre la salud humana y el medio ambiente, como: el uso de los procesos de desarrollo, el proceso de industrialización, causa-efectos nocivos a la salud humana.

Años 80´s, Se incorporan índices de desarrollo humano a los criterios antecedentes.

Políticas de CEPAL dan una visión y liderazgo hacia formas alternativas de desarrollo.

Las sociedades mundiales comienzan a organizarse en torno a los temas ambientales.

En Europa surgen los primeros partidos verdes. Líderes de izquierda comienzan a organizarse por la vía no gubernamental por asociaciones civiles, partidos alternos. Cuestionamiento del tipo de desarrollo de las políticas sociales y económicas y de cómo la sociedad está utilizando la naturaleza.

En general, predomina un *enfoque de salud vinculado al medio ambiente, desde finales de los 70´s y la década de los 80´s.*

Se construyen los primeros programas en Naciones Unidas.

En la ciencia comienza a cambiar la perspectiva de la Ecología, *empieza a haber una explicación de la funcionalidad (interacciones).* Primeros procesos de entendimiento y conocimiento: Ecodesarrollo.

Definición.

Así en este contexto como surge en Las Naciones Unidas por la Comisión Mundial de Medio Ambiente y Desarrollo la definición del **desarrollo sustentable.** *Aquel que* *satisface las necesidades de las generaciones presentes, sin comprometer la capacidad de las generaciones futuras para satisfacer sus propias necesidades.* Contiene tres elementos-objetivos interactuantes:

Económico: Crecimiento económico.

Social: Igualdad, Compromiso ético intergeneracional.

Ambiental: Demarcación de los límites de uso de los recursos planetarios.

Y requiere:

- ✓ Un sistema político democrático, que asegure a sus ciudadanos una participación efectiva en su toma de decisiones.
- ✓ Un sistema económico capaz de crear excedentes y conocimiento técnico sobre una base autónoma constante.
- ✓ Un sistema social que evite las tensiones provocadas por un desarrollo desequilibrado.
- ✓ Un sistema de producción que cumpla con el imperativo de preservar el medio ambiente.
- ✓ Un sistema tecnológico capaz de investigar constantemente nuevas soluciones.
- ✓ Un sistema internacional que promueva modelos duraderos de comercio y finanzas.
- ✓ Un sistema administrativo flexible y capaz de corregirse de manera autónoma.

El rumbo del "desarrollo sustentable".

Una visión que nos ha ayudado a entender los procesos de interacción entre la sociedad y la naturaleza a partir desde el entendimiento de la ecología, nos da como ejemplo las interacciones que tiene un árbol con los organismo que habitan en él y a su alrededor, para entender el funcionamiento de la naturaleza y así comprender el rumbo de nuestro desarrollo, observando los procesos de dispersión, polinización, alimento, resguardo, al quitar un elemento ese organismo ya no funcionaria, habría como consecuencia un desequilibrio el cual nos costaría nuestro desarrollo. Los servicios ambientales son todas las funciones de la naturaleza que benefician a la humanidad, como abastecimiento, regulación del clima, el agua, las enfermedades, el alimento, etc., estos procesos no tan claro son los que nos ofrece la naturaleza de forma equilibrada, todos estos procesos están basados en:

◈ Ciclo de nutrientes.
◈ Formación del suelo.
◈ Producción primaria.
◈ Servicios de soporte.

A su vez los servicios ambientales se dividen en cuatro:

✦ Apoyo.
✦ Abastecimiento.
✦ Regulación.
✦ Servicios culturales.

Estas son las interacciones con los factores del bienestar, al interferir con los servicios ambientales, estas interacciones se modifican y se generan procesos de pobreza y deterioro ambiental. Existe un marco para enfrentar esta situación el cual se divide en factores directos e indirectos.

Factores directos:

✦ Cambio de uso de suelo.
✦ Cobertura vegetal.
✦ Introducción o remoción de especies.
✦ Adaptación y uso de tecnologías.

7

- ✦ Insumos externos.
- ✦ Cambio climático.
- ✦ Cambios en los factores físicos y biológicos.

Factores indirectos (son más para los procesos sociales económicos):

- ✦ Demográficos.
- ✦ Sociopolíticos.
- ✦ Socioeconómicos.
- ✦ Ciencia y tecnología.
- ✦ Cultura.
- ✦ Religiones.

Por lo tanto lo sustentable no es igual a no tener impacto porque entonces pierde la visión económica y social, tampoco es crecimiento permanente porque pierde lo social y lo ambiental y tampoco es bienestar para todos porque entonces pierde fácilmente lo ambiental.

Este marco -cuando queremos intervenir como sociedad- nos lleva a generar políticas con instituciones, marcos de referencia legislativos, conocimiento formal. Información que se tiene que traducir en gestión de políticas económicas, culturales. Tiene que partir de la organización de la sociedad y fortalecer sus capacidades. Resolver los conflictos políticos, para que con una visión estratégica nacional, regional y local poder intervenir adecuadamente. Ha sido un principio guía el desarrollo sustentable, adoptado desde la Cumbre de Medio Ambiente y Desarrollo, en 1992, en Río de Janeiro, por 150 países. Ratificado en la Cumbre Río + 20 y persistiendo un abuso del discurso.

Incorporado en los acuerdos multilaterales:

- ✓ Agenda 21, instrumento rector o marco de referencia general que surge en río en 1992, ratificado en Río + 20 en 2012.

✓ 27 Principios de la Declaración de la Cumbre de las Naciones Unidas para el medio Ambiente y el Desarrollo del 92. Donde hubo una concreción del concepto.

El gobierno es el responsable del desarrollo sustentable de un país y no está existiendo el cumplimiento de los acuerdos multilaterales a nivel global. La distancia entre las políticas globales y sus metas, las políticas nacionales y sus acciones es muy grande.

Las instituciones que tenemos no están permitiendo integrar correctamente estos procesos. No ha cambiado el paradigma de crecimiento económico. Se ve más como un costo que como una oportunidad, ya que existe una resistencia a planear (en 1992, desaparece la Secretaría de Planeación). Por otro lado, existe una evolución y concreción del concepto, más índices: índice de desarrollo humano, ajuste del PIB ecológico, programas de indicadores de la Comisión de Desarrollo sustentable de la ONU, Objetivos del Milenio, etc. y a su vez, un nuevo paradigma del desarrollo, un enfoque emergente a nivel territorial (como planear el desarrollo sustentable a nivel nacional). Pero falta de visión a largo plazo, deben de construirse los objetivos a los que queremos llegar como sociedad.

Objetivos de desarrollo del milenio de las Naciones Unidas.

Las formas de medir el desarrollo son a través de objetivos y metas, por lo cual se plantean ocho objetivos del milenio cada uno con una meta finita, en síntesis son:

1ro.

- Reducir a la mitad la gente que tiene ingresos menores a 1 dólar. La economía sin lugar a dudas ha tenido un crecimiento; este es el caso de China y una parte de India. Si se observa por regiones, notaremos que el punto está muy lejos de cumplirse.

- Lograr un empleo pleno, productivo y trabajo decente para todos. No se ha cumplido.
- Reducir a la mitad el porcentaje de personas que padecen hambre. Comida hay suficiente aunque el acceso y precios a ella es inalcanzable.

2do. Enseñanza universal de la primaria. No cumplido. 68 millones de niños que están fuera de la escuela.

3ro. Eliminar las desigualdades entre los sexos, en la enseñanza primaria y secundaria, al 2005. Para el 2015, en todos los niveles de la enseñanza. Se logró la paridad de la enseñanza primaria. Pero no de los niveles de la enseñanza superior. De la población adulta analfabeta, 2/3 partes son mujeres.

4to. Reducir en 2/3 partes la mortalidad de niños menores de 5 años. Se redujo de 12 a 7.6.

5to. Mejorar la salud materna:

- La mortalidad materna disminuyera en ¾ partes.
- Acceso universal a la salud reproductiva. Muy difícil de ser adoptada en las Naciones Unidas, países musulmanes principalmente brincan este punto.

6to. Necesidad de combatir enfermedades (SIDA, paludismo, tuberculosis, etc.). El SIDA sigue aumentando. Aquí observamos un avance o un combate eficaz de enfermedades como el Paludismo o la Tuberculosis. No obstante existe el aumento de enfermedades propiciadas por el proceso de desarrollo, por ejemplo: diabetes, cáncer, enfermedades respiratorias, cardiovasculares.

7mo. Garantizar la sostenibilidad del medio ambiente. 4 metas:

- Incorporar los principios del desarrollo sostenible en las políticas y programas nacionales. Hay avance.
- Revertir la pérdida del medio ambiente. Hay avance.

- Reducir la tasa de pérdida de biodiversidad, para el 2010. (no se cumplió).
- Reducir a la mitad para el 2015 el porcentaje de personas sin acceso sostenible al agua. Si se cumplió, 2000 millones de personas. 76% al 89%. Sí observamos por regiones, se cumple en los sectores urbanos, mas no en los rurales; 884 millones de personas no tienen acceso al agua limpia.

Lo que se cumplió:

- Se redujera la mitad para el 2015, los servicios básicos de saneamiento. 2500 millones de personas en zonas "en vías de desarrollo". Repercusión directa en el medio ambiente, contaminación de las principales cuencas.
- Haber mejorado considerablemente 100 millones de personas sus condiciones marginales. Aunque en este punto vemos que los índices que son utilizados tienen un esquema de medición bastante irrisorio, por ejemplo en un hogar los pisos firmes de cemento aumenta el índice, aun así no se tenga una buena alimentación.

8vo. Fortalecimiento de las alianzas mundiales para el desarrollo. Fortalecer las necesidades especiales de los países menos adelantados. Desarrollar aún más un sistema financiero-comercial abierto (que no sea discriminatorio). Abordar en todas sus dimensiones los problemas de las deudas de los países en desarrollo. Colaborar con el sector privado (dar acceso a los beneficios de nuevas tecnologías, información y comunicación).

Actualmente, no existe región que haya cumplido todos estos objetivos. La desigualdad se ha incrementado. El acceso a la energía es limitado; 2700 millones dependen de leña. 16 % del total de la energía utilizada es la denominada renovable.

Con el cumplimiento de estos objetivos y otros más, nos conducirían hacia la sustentabilidad.

El cambio climático.

El cambio climático es uno de los problemas ambientales más graves al que se enfrenta la humanidad. El calentamiento global amenaza a los ecosistemas mundiales, comprometiendo el desarrollo sostenible y el bienestar de la humanidad. Los estudios científicos muestran que el planeta se enfrenta a desastres humanos y naturales irreversibles si la concentración atmosférica de CO_2 continúa por encima de 350 ‰. Frenar el cambio climático es un reto colectivo y que requiere una acción inmediata que conduzca a un modelo de desarrollo bajo en carbono. Por ello, con el objetivo de reducir el impacto sobre el clima se establece lo siguiente:

- Actuar de forma inmediata.
- Pensar más allá de Kioto.
- Promover la responsabilidad compartida.
- Conocer nuestro impacto calculando nuestras emisiones de gases de efecto invernadero.
- Reducir nuestro impacto al minimizar las emisiones.
- Hacer proyectos en América Latina.
- Trabajar en conjunto con otras organizaciones y entidades.

El reto es obtener el crecimiento económico adecuado y equitativo pero que no implique un desarrollo inaceptable de las emisiones de gases de efecto invernadero. Por lo tanto no se puede crecer con el modelo actual debe de haber un desacoplamiento del desarrollo económico, de la economía con respecto al consumo de la energía, más crecimiento con menos consumo energético o por lo menos menor cantidad de gases de efecto invernadero, la energía puede seguir creciendo siempre y cuando reduzca los gases de efecto invernadero.

Los países desarrollados ya agotaron la capacidad de absorción de gases invernaderos por lo que deben a poyar los países en vías de desarrollo para que no repitan los mismos errores.

En este sentido, cabe aclarar que sobre el uso de las palabras sustentabilidad y sostenibilidad, sustentabilidad se usa en México y sostenibilidad en E.E.U.U y América Latina, tomándose como convencionalismos, pues el significado de las palabras es equivalente.

Los planetas están vivos geológicamente hablando. La tierra tiene sus ajustes globales naturales. Sin embargo, actualmente ya no existe el ciclo normal como antes de la Revolución Industrial. Ya no se absorben los gases invernadero normalmente. A partir de 1960 se puede determinar directamente las cantidades de CO_2; 3,500 millones de toneladas de CO_2. Anteriormente a 1960, se obtenían a través del hielo de los polos. El CO_2 tiene una vida media de 100 años. Las últimas dos décadas son las más cálidas de los últimos 10,000 años. Todo este cambio es de origen humano.

Causas antropogénicas:

❖ Crecimiento poblacional
❖ Demanda de energía y los recursos per cápita (Patrones de consumo). El CO_2 que proviene de la deforestación es la segunda causa del cambio climático y la 1ra de la pérdida de biodiversidad.
❖ Tipo de tecnologías.

Por preeminencia:

1. Combustibles fósiles.

2. Deforestación.

3. Acumulación de los residuos sólidos.

Evidencias de que el Cambio Climático es un hecho:

❖ Derretimiento de los polos.
❖ Destrucción de los glaciares.

13

- ❖ Incremento del nivel del mar; con ello decrece la salinidad, altera la intensidad de las corrientes y se generan fenómenos hidrometeorológicos intensos.
- ❖ Desequilibrio de los ecosistemas. A mayor temperatura, mayor respiración vegetal, por tanto más se consume CO_2, contra la fijación del CO_2. Olas de calor. Vectores de enfermedades cambian.

¿Quiénes emiten estos gases de efecto invernadero?

En cada país esto va depender del nivel de desarrollo y de la demanda de consumo de energía per cápita. Del crecimiento de su economía. De las tecnologías aplicadas. Del tamaño de la población. De los procesos de deforestación. Tecnologías poco eficientes y demanda de producción grande.

Por regiones:

Asia 37 % de las emisiones totales que se generan al planeta. Población de 56%.

Canadá y EEUA 27%. Población de 5%.

Latinoamérica y el Caribe 23 %. Población del 8.5 %.

Europa 18 %. Población 11 %.

África y Medio Oriente 2 %.

En el escenario multilateral, se evita reconocer el entendimiento poblacional, es así que se observa que el 69 % de emisiones está dado por China, EEUA, Unión Europea, Brasil, Indonesia, Rusia, India, Japón. El 31 % está dado por los países restantes.

El tema del cambio climático es un tema articulador del modelo sustentable. Pone en el centro patrones de consumo, crecimiento económico, distribución de la riqueza. Conjuntos de acuerdos detenidos, porque los países no están dispuestos a tomar decisiones de recortar las emisiones por los efectos que tiene en su crecimiento, por la competencia en las propias economías.

Protocolo de Kioto en el 2012.

Los países deben reducir 5 % sus emisiones respecto a los años 90´s. Lejos de cumplirse.

Sumando las disposiciones a reducir las emisiones por países no se llega al 69 % de lo que se requiere, en la situación actual. No elevar las emisiones más allá de 450 ppm, para no elevar la temperatura superficial del planeta a 2°. Ya se agotó la capacidad de absorción de los gases de efecto invernadero de la atmosfera. Si se invierte para reducir las emisiones, es un gasto del 1 % del PIB; si no se invierte será un costo del 20 % del PIB.

Mecanismos de desarrollo limpio.

Instrumentos para apoyar tecnológica y económicamente a los países "en vías de desarrollo", por parte de los países desarrollados. Estos mismos mecanismos son los que se utilizaron para resolver el problema del hoyo de la capa de ozono en 1989 (Protocolo de Montreal).

Situación actual de la biodiversidad.

Los países con más deforestación son: Brasil, Australia, México e Indonesia, los cuales son los mayores productores de gases de efecto invernadero, salvo México.

Un equivalente a la deforestación es la sobreexplotación de pesquerías de las cuales 1,500 millones de personas dependen de los recursos marinos. El 85 % de las pesquerías están agotadas o en recuperación si no se utilizan. Una de las causas de la acidificación de los mares es por la adsorción del carbono aprox. 26 %.

Lo que nos lleva a que la deforestación más la sobreexplotación nos da como resultado hábitats y la biodiversidad en peligro de extinción, la principal preocupación es la alteración de los hábitats, ya que mientras este el hábitat habrá especies.

Los grupos más difíciles y vulnerables en peligro de extinción son:

40 % anfibios.

25 % mamíferos.

38 % gimnospermas.

México es el país con mayor biodiversidad ya que tiene casi todos los climas representados excepto los más extremos fríos, junto con China son los únicos.

- Las Tendencias que no apoya el país:
- Ventaja de biodiversidad.
- Conservación de hábitats.
- Problemas de distribución de tierras.
- Reservas son propiedad privada ya sea social, indígena, ejidal o pequeña propiedad.

La concesión a terceros se da porque los dueños no tienen la capacidad o los recursos de utilizar la biodiversidad, como la madera, la flora, la fauna.

Nunca se ha contemplado a la biodiversidad como un factor, y ha faltado la valoración económica.

El deterioro de las 65 pesquerías, 37 del Pacifico y 20 del Golfo de México de las cuales 16 están explotadas y ya no hay recurso, 37 están en su máxima capacidad y 12 todavía tienen posibilidad de crecimiento. El 67 % de las zonas lagunares no son satisfactorias por el deslave, erosión y los principales dueños son las poblaciones indígenas.

Al haber cambios en las instituciones y políticas no se da un buen seguimiento por lo que se pierde información valiosa y tiempo para ayudar a mejorar la situación de la biodiversidad. Hay tres niveles de biodiversidad:

- ❖ Nivel ecosistémico: Todas aquellas comunidades bióticas, en donde se lleva a cabo las relaciones de la comunidad vegetal y animal con su medio ambiente físico.
- ❖ Nivel de especies.
- ❖ Nivel genético.

En cada uno existen enfoques, situaciones y políticas distintas que hay que implementar para poder manejar, conservar y restaurar alguno de los mencionados niveles.

En los ecosistemas se da una distribución de las especies que no es homogénea a nivel mundial. Los procesos de deforestación precipitada e intensa están provocando cambios en ellos. Procesos de extinción masiva, hasta mil veces más acelerados que por ejemplo la extinción de los dinosaurios.

Trece millones de bosques y selvas son deforestados y son las selvas las que mayor biodiversidad tienen. Ya se perdió en el mundo el 53 % de la cobertura general. 3 países con mayor tasa de deforestación: Brasil, Australia e Indonesia. México está en el medallero. Se necesitan políticas fuertes para evitar la deforestación en estos países, porque además son los mayores aportadores de gases efecto invernadero, por causa de la misma deforestación.

Entre 1990 y 2005, disminución de la deforestación en Latinoamérica exceptuando el Caribe, donde ha aumentado a causa del monocultivo. En las partes templadas, la principal causa de deforestación son los incendios, mientras que en los trópicos la agricultura y la ganadería; causantes del 20 % de pérdida de biodiversidad.

El 85 % de las pesquerías están sobreexplotadas; 170 millones de empleos se generan por esta actividad, de los cuales dependen de manera indirecta 1,500 millones de personas. Aunado al acidificamiento del mar, debido al cambio climático en las 2 últimas décadas, empeora más la situación biológica-ecosistémica y social.

Deforestación y sobrepesquería da una presión muy fuerte en la biodiversidad de especies, por la presión de sus hábitats-ecosistemas. La alteración de su hábitat es más peligrosa que la misma sobreexplotación de la especie. Mientras exista el hábitat existirán las especies.

México es uno de los países que más biodiversidad tiene desde el punto de vista de ecosistemas, especies y genes. En donde todos excepto las tundras están representados. Esta característica la comparte junto con China. Endemismo importante en anfibios, réptiles y plantas vasculares (cactáceas).

Tendencias más importantes que han llevado al uso de la biodiversidad.

El país no ha puesto a la biodiversidad como una de sus ventajas que puede ofrecerse para el desarrollo. El país debe proteger esta biodiversidad. Es un problema no solo del desarrollo de un país, sino del desarrollo de la vida. No se debe pasar por encima de la vida. Es un problema que se resuelve con una concepción cultural diferente del entendimiento de lo que significa la biodiversidad.

En el pasado esta misma cultura se enfrentó al reparto agrario, principal producto de la revolución mexicana. 4 % de las áreas protegidas es zona federal, el restante es propiedad territorial de la nación. Propiedad privada, ya sea en su modalidad indígena, social, ejidal o pequeña propiedad. No le corresponde al Estado.

Entonces existe un origen de conflicto muy complejo, porque a una persona le corresponde el reparto de una tierra y además el cumplir un decreto que dice que también ha adquirido una responsabilidad con la biodiversidad, con la evolución y con la vida. No se puede tocar y por ello genera el conflicto. Ahora que existe una gestión real de las áreas naturales protegidas, no se han encontrado aún los mecanismos adecuados para resolverlo. Entonces nacen las concesiones de la biodiversidad a terceros, no a los dueños de las tierras. Concesiones de madera, de la flora y la fauna silvestre. Y no existe un usufructo por parte de los propietarios de la tierra para que puedan beneficiarse del uso de la biodiversidad. La única forma de beneficio del dueño de las tierras fue fomentada a través de otras políticas paralelas agropecuarias, a través de créditos y a través de estímulos económicos, de paquetes tecnológicos. Fue entonces el cambio de uso de suelos, hacia la agricultura y la ganadería.

Las empresas forestales eran privadas, la flora y la fauna de los cazadores. Esta falta de los criterios ecológicos en sistemas productivos, ha generado la pérdida de la biodiversidad, por el cambio de uso de suelos. Distorsiones de políticas públicas y subsidios viciados daña también la biodiversidad y a los grupos que poseen sus recursos. Hay un conjunto de subsidios dados a la ganadería y a la agricultura que van en contra de los recursos naturales: presas, carreteras, etc. Nunca han contemplado a la biodiversidad como factor.

Falta la valoración económica de lo que significa la biodiversidad. Patrones de consumo con demanda creciente. Las ciudades crecen, cambios de dieta y todo esto se basa sobre el uso del suelo: agricultura y ganadería.

Otro problema es el sobrepastoreo. No hay pérdida de selva, porque ya no hay más selva de lo protegido. Tasa de deforestación igual a cero.

Problema de la erosión (45 % del territorio tiene algún tipo de erosión o contaminación), sobreexplotación de los acuíferos (14 % de los acuíferos han sido sobreexplotados en los últimos 30 años; debido a una dependencia del 70 % de la población). Pesquerías sobreexplotadas. Ecosistemas laguneros afectados por la agricultura y los asentamientos humanos; además de fenómenos hidrometeorológicos externos.

Estos problemas se traducen económica y biológicamente en pobreza y biodiversidad, fragmentación de los bosques, dispersión de la población. Los grupos indígenas son los principales dueños de los ecosistemas, genes y especies que poseemos. Estamos hablando de poblaciones marginadas, existen 200,000 de estas poblaciones, 150,000 de menos de 100 habitantes.

Causas de la pérdida de la biodiversidad.

En este sentido se identifican factores directos e indirectos: creciente urbanización, aumento de la población; modalidad del modelo productivo exportador; crecimiento de demanda de materias primas; crecimiento del comercio, del producto bruto, las emisiones, la agricultura; reducción de la cubierta vegetal; deterioro de la disponibilidad hídrica por habitante; presión económica, demográfica y territorial de los ecosistemas costeros y marinos en aumento, que se traduce en una concentración que va incrementando los gases de efecto invernadero; deforestación creciente, océanos sobreexplotados; disminución per cápita de energía, alimentos, agua y recursos básicos; se incrementan los desastres naturales y; la extinción de las especies no se abate.

La disponibilidad de los recursos está disminuyendo y debe haber políticas ambientales, para lo cual se crean diversos congresos como el de Estocolmo para proteger la salud humana contra la contaminación de sustancias nocivas, e instituciones como el SEDESOL que es un instrumento de gestión para resguardar el medio ambiente y la SEMARNANT que integra a la pesca, lo forestal, la conservación, la contaminación y el uso del agua en una sola institución de áreas naturales protegidas, permite la participación de la población.

El 20 % de la población no tiene acceso a la energía, 40 % no tiene acceso al agua limpia, 27 % de la población está en pobreza extrema. Se estancó el descenso de la tasa de las personas desnutridas; 25 % de los niños están desnutridos. 1'500,000 de personas con empleo vulnerable. Crece aún la agricultura. Disponibilidad de recursos disminuye.

¿Es un fracaso el desarrollo sustentable o es un proceso que va en curso, pero está retrasado? El paradigma es vigente, los avances son muy sustantivos. Nos está faltando la integración de los tres pilares: económico, social y ambiental; está faltando adecuar los instrumentos; necesitamos acelerar el proceso de acción; estamos detenidos en los cómos; la crisis económica está obligada a hacer cambios; el proceso neoliberal está siendo cuestionado por sus propios creadores; están planteando un modelo en crisis, obligados a establecer los objetivos de desarrollo sustentable, planteamiento que englobe el desarrollo del país.

Las plataformas que los partidos políticos nos ofrecen son acciones desarticuladas. Tiene que haber un desarrollo que articule el desarrollo sustentable. En donde el desarrollo económico se ponga en el centro y los servicios ambientales no se alteren.

En los 60´s y 70´s hay avances en ecología. El gobierno empieza a tomar cartas en el asunto.

Etapas de la política ambiental y gestión ambiental de los recursos naturales.

1era. 40´s, 50´s y 60´s.

Sectores divididos, no hay interés en materia de conservación. Miguel Ángel de Quevedo plantea las áreas naturales protegidas (partes altas de las cuencas principalmente). Es el momento de despegue de una etapa de industrialización, de sustitución de importaciones que sostiene el Estado, protege el Estado. Gobierno populista, autoritario y corporativo.

Se gestan la pesca, lo forestal y el agua (nada ambiental).

1941. Se crean la Secretaria de Mar, Secretaria de recursos hidráulicos, Secretaria de Ganadería y agricultura.

2da Etapa. 70´s.

Secretaría de Salubridad y Asistencia Pública. Secretaria de Asentamientos Humanos y Obra Pública.

El tema ambiental está surgiendo con una visión vinculada fundamentalmente a los temas de salud, como una respuesta a la cumbre de 1972 en Estocolmo.

Subsecretaría de Mejoramiento del Ambiente dentro de la Secretaría de Salud, creadas por el Estado. Se promulga la primera Ley Federal para Preservar y Controlar la Contaminación.

Se comienza a debilitar el Gobierno; fortalecimiento de una sociedad que comienza a cuestionar las capacidades en el ámbito gubernamental.

Reconocimiento de la necesidad de sumar a los distintos sectores. Se da un cuestionamiento general del modelo social, económico y político. La cuestión Medio Ambiente comienza a aparecer.

3ra. Etapa. 80´s.

La parte ambiental comienza a estrecharse en el tema de salud. Comienza a abrirse una perspectiva hacia el entendimiento del ecosistema.

En el '82 dentro del marco de la campaña electoral presidencial, surge un partido con este tema como estandarte. Al tomar posesión el presidente Miguel De la Madrid Hurtado, funda la Secretaría de Desarrollo humano y Ecología, con una Subsecretaría de Ecología; instrumento visionario.

En el '92, en la cumbre de Río de Janeiro, el tema central es la pobreza.

Se crea la Secretaría Ambiental dentro de la SEDESOL. Adelgazamiento del Estado.

4ta Etapa.

Se crea la SEMARNAT.

Comienza una institucionalización de la democracia, que da pie a nuevos procesos institucionales, que permite una mayor participación de la ciudadanía y una visión mucho más integral.

El tema no puede ser gestionado desde la pobreza, ni desde cada uno de los sectores. Así se crea una Secretaría cuya principal función es la de la integración de los procesos vinculados al medio ambiente. Agua, pesca, forestal, contaminación y conservación, se juntan en una misma institución.

SEMARNAT: CONAGUA, Secretaría de Pesca, Subsecretaría de Recursos Forestales, INE, Comisión Nacional de Áreas Protegidas; además de que la Subsecretaria de Planeación daba sentido a la integración de cada uno de estos sectores. Y la PROFEPA, vigilaba sus funciones.

Había una voluntad mucho más participativa y plural. Enfoque de Desarrollo sustentable entra por primera vez al Programa de Desarrollo. Hay una mayor interacción en los foros, se hacen reformas sustantivas.

Todos los sectores tenían renuencia a la interacción. Resistencia del sector pesquero y forestal, básicamente por el cambio de paradigma. Acuerdos internacionales que limitan las producciones. Se suprime lo ambiental y se hace nuevamente un retroceso.

Dentro de Agricultura se funda CONAPESCA.

Actualmente.

SEMARNAT. Re arregló la Institución por instrumentos de gestión, planeación, normatividad:

- ❖ Comisión Nacional de Agua y Áreas Naturales Protegidas.
- ❖ CONABIO: Generación de conocimiento para toma de decisiones.
- ❖ CONAFOR

Notamos una política ambiental de un lapso de 30 años; donde hay un problema serio de acumulación de poder.

Conservación de la biodiversidad.

Estudios de caso.

Para lograr una conservación de la biodiversidad se necesita:

- Frenar y revertir las tendencias de deterioro.
- Uso sustentable de los recursos naturales.
- Contribuir al desarrollo nacional ayudando a disminuir la pobreza.
- Procesos de vigilancia, restauración y recuperación.

Debe de haber un conjunto de políticas para que estos ecosistemas se puedan mantener y conservar, se debe hallar una gestión para no hacer un cambio del uso de suelo.

La protección de áreas naturales ha sido un instrumento de gestión por excelencia para lograr proteger el territorio nacional, sin embargo no se le ha dado el suficiente valor, siguen siendo de segunda prioridad.

Dos estrategias para la gobernación de suelos son:

1. Función de la conservación, cuando hay gente viviendo ahí debe quedarse si quiere y la gente que no es de ahí debe irse.
2. Cuando la población está fuera de las áreas protegidas pueden estas ser detonadoras de procesos regionales de sustentabilidad que beneficie a los vecinos de las áreas protegidas y deben de tener un trato preferencial en los programas de gobierno que puedan vivir correctamente del usufructo de los recursos naturales que esté dando el área en cuestión.

Las áreas naturales certificadas tienen como importancia la conservación de las áreas naturales, participan de manera voluntaria en la conservación y manejo sustentable con reconocimiento federal.

La UMAS (Unidades de manejo y conservación de la vida silvestre) tienen como objetivo:

- Conservación de servicios ambientales.
- Facilitar los apoyos de programas para el medio ambiente.

Como ejemplo están los programas de recuperación, reproducción en cautiverio y reintegración al hábitat del berrendo peninsular, el lobo mexicano, aves como: quetzal, guacamaya y el cóndor de california.

Manejo de la biodiversidad.

Estudios de caso.

El manejo a través de las UMAS da como resultado:

- Uso de biodiversidad sin consecuencias a terceros.
- Obtener beneficios económicos a través de ese uso.
- Dar valor a la biodiversidad.
- Uso de suelo sin transformación.

Un ejemplo que da es la agricultura orgánica no es la solución pero si se recupera ciertos sitios en los cuales no se pueden utilizar fertilizantes como las presas, cuenca, áreas naturales protegidas, etc. y la técnica de agrosilvopastoril donde pueden estar las vacas, agricultura y especies arbóreas, baja la erosión, disminuye el golpeteo de la lluvia, se filtra más el agua lo que permite que no se desequen los ríos y los arroyos, por la vegetación arbórea la cual también sirve como forraje, alimento, madera, los cuales son más benévolos con el ambiente.

Por otra parte implementar el ecoturismo el cual debe de estar vinculado al medio ambiente, debe de ser de baja densidad y cumplir una función social en el que se valora, el cual debe de estar dirigido por grupos pequeños de pobladores con muy poco consumo de recursos no renovables que implica la participación local de propiedad y oportunidad de negocios para la población rural. Utilizando la tierra sin transformar.

En cuanto a las pesquerías se dice que:

82 % de las unidades estaban explotadas con poca posibilidad de crecer.

25 % exigían intervención inmediata para recuperarse.

18.5 % estaban sobreexplotadas.

2004 se reporta el 90 % de pérdida de sobreexplotación.

Puntos en común entre los estudios de caso.

Las áreas naturales protegidas tienen en común:

- Trámites legales.
- Conocimiento tecnico-científico.
- Organización territorial.
- Vinculación y reconocimiento de los sectores.

- Planificación.
- Diagnóstico (detección de la problemática).
- Recursos financieros y económicos.
- Presencia social: Involucramiento y capacitación a los pobladores.
- Seguimiento por parte de las instituciones vinculado a los planes de manejo.
- Detección de las técnicas de captura y muestreo que están haciendo agresivos hacia el ecosistema.

En la actualidad no hay procesos claros de vinculación de la ciencia, toma de decisiones y tampoco aplicación de los programas de gobierno hacia las comunidades locales. La asesoría se presenta por las asociaciones no gubernamentales (ONG) las cuales no son muy confiables.

- El marco jurídico de la biodiversidad permite definir las responsabilidades de los involucrados en el uso, conservación y reparación del ambiente, trata de vincular a los recursos naturales a las áreas productivas, culturales, sociales.
- El análisis de omisiones permite establecer prioridades fundamentales los cuales son analizados por especialistas en diversas disciplinas, los cuales deben de identificar las áreas con mayor importancia para conservar la biodiversidad, se deben utilizar registros de animales y plantas, dividir a los ambientes en terrestres, marinos y dulceacuícolas así nos dará un enfoque de cuantos ambientes prioritarios hay.
- Consejo nacional de áreas protegidas. Surge a través de una reforma de la ley general de equilibrio ecológico, el cual convoca a expertos en áreas protegidas y ayudan a ser un órgano centralizado.
- Sistema nacional de información sobre la biodiversidad. Requiere información buena, disponible y de fácil acceso, donde debe de destacar la cartografía, la taxonomía y la biota.

La meta es reducir la tasa de cambio de suelo y pérdida de población que afectan a las especies y a los ambientes vulnerables.

Algunos factores comunes que llevan al éxito son:

- ✓ Optimización de recursos.
- ✓ Transparencia en el manejo.
- ✓ Flexibilidad de programas.
- ✓ Identificación de prioridades.
- ✓ Intervención de especialistas.
- ✓ Programas a largo plazo.
- ✓ Instrumentos legales que permitan el desarrollo de los proyectos.
- ✓ Inclusión de la sociedad civil en la toma de decisiones así como las instituciones académicas.
- ✓ Capacitación de la sociedad civil.
- ✓ Financiamientos externos.

Escenarios de la sustentabilidad del desarrollo.

Primero:

- o Incremento de la población a un 33 %, se va a estabilizar en 139 millones en México, por lo que se va a requerir el 75 % de fuentes de energía como carbono, crudo, gas, aceites, lo cual nos dice que todavía hay recursos naturales disponibles para utilizar.
- o Reducción de gases de efecto invernadero a través de proyectos de mecanismos de reducción o traslado a países con tecnologías avanzadas que puedan limpiar o a través de ayudas económicas de otros países para evitar la deforestación.
- o Con respecto al agua se espera que en el trópico húmedo la disponibilidad de agua será mayor mientras que en la zona seca será más seca.
- o El 30 % de las especies se colocaran en la categoría de riesgo en extinción aumentando los desplazamientos geográficos de especies y aquellos que no puedan moverse más quedaran fuera de su posibilidad de sobrevivencia.

- En las costas habrá un incremento de los daños de fenómenos meteorológicos extremos.
- Se perderá el 30 % de los humedales cuando pasemos los 3 °C.
- Mayor morbilidad y mortalidad por olas de calor crecidas y sequias.

Aunque haya una mejor tecnología, sino hay cambios en los hábitos de consumo de energía se estará consumiendo 7 veces más gasolina, por lo cual se debe de hacer un desacoplamiento ambiental de la actividad económica.

Segundo:

- Defensa costera que asimile una elevación del nivel del mar.
- La planeación del desarrollo que incluya ordenamiento territorial y ecológico.
- Uso de la tierra para ver los mejores lugares de restauración y forestación.
- Debe de haber una legislación para hacer cambios en el uso de suelo.

Para un ordenamiento ecológico debe haber:

- Adaptación. Que hacer para enfrentar el problema.
- Mitigación. Hacer acciones que bajen las emisiones de gases.
- Reinyección de gas amargo a Cantarel (PEMEX).
- Incorporación de 3 millones de hectáreas al manejo forestal sustentable.
- Fomento de proyectos de autoabastecimiento de fuentes renovable.
- Proyectos piloto de incentivos para la reducción de emisiones.
- Incorporación de 2.5 millones de hectáreas a áreas naturales protegidas y UMAS.

Vertientes para fortalecer el desarrollo sustentable.

- Adoptar un modelo de desarrollo equitativo.
- Acceso a la energía.
- Agua limpia.

- Reducir los contaminantes.
- Uso sustentable de la biodiversidad.
- Eliminar patrones excesivos de consumo.
- Ordenar los asentamientos humanos y actividades productivas en terrenos no vulnerables.
- Diversidad de pesca.
- Reorientar subsidios.
- Industria limpia.
- Energía limpia.
- Detectar los denominadores comunes.
- Hacer una economía verde.
- Actualizar las materias curriculares, políticas en ciencia y tecnología.
- Participación social y educación ambiental.
- Nuevos marcos institucionales en la toma de decisiones.

Por lo tanto se necesita una nueva cultura que ayude a la sustentabilidad de la biodiversidad, una ética de vida que promueva la gestión participativa de los bienes y servicios ambientales de la humanidad para el bien común; la coexistencia de derechos colectivos e individuales; la satisfacción de necesidades básicas, realizaciones personales y aspiraciones culturales de los diferentes grupos sociales, una ética ambiental que oriente los procesos y comportamientos sociales hacia un futuro justo y sustentable para toda la humanidad.

Etica para la sustentabilidad.

Es así como a continuación, se exponen los siguientes fundamentos (nueve), para llevar a cabo el desarrollo sustentable en dicha gestión y que Leff (2002) y las personas que participaron en el *Manifiesto por la vida, por una ética para la sustentabilidad*, expuesto en el *Simposio sobre ética y desarrollo sustentable*, celebrado en Bogotá, Colombia, en mayo del 2002, plantean la necesaria reconciliación entre la razón y la moral, de manera que los seres humanos alcancen

30

un nuevo estadio de conciencia, autonomía y control sobre sus mundos de vida, haciéndose responsables de sus actos hacia sí mismos, hacia los demás y hacia la naturaleza en la deliberación de lo justo y lo bueno. La ética ambiental se convierte así en un soporte existencial de la conducta humana hacia la naturaleza y de la sustentabilidad de la vida. Es una ética de la diversidad donde se conjuga el *ethos* de diversas culturas. Esta ética alimenta una política de la diferencia. Es una ética radical porque va hasta la raíz de la crisis ambiental para remover todos los cimientos filosóficos, culturales, políticos y sociales de esta civilización hegemónica, homogeneizante, jerárquica, despilfarradora, sojuzgadora y excluyente. La ética de la sustentabilidad es la ética de la vida y para la vida. Es una ética para el reencantamiento y la reerotización del mundo, donde el deseo de vida reafirme el poder de la imaginación, la creatividad y la capacidad del ser humano para transgredir irracionalidades represivas, para indagar por lo desconocido, para pensar lo impensado, para construir el porvenir de una sociedad convivencial y sustentable, y para avanzar hacia estilos de vida inspirados en la frugalidad, el pluralismo y la armonía en la diversidad.

Entraña un nuevo saber capaz de comprender las complejas interacciones entre la sociedad y la naturaleza. El saber ambiental reenlaza los vínculos indisolubles de un mundo interconectado de procesos ecológicos, culturales, tecnológicos, económicos y sociales. El saber ambiental cambia la percepción del mundo basada en un pensamiento único y unidimensional, que se encuentra en la raíz de la crisis ambiental, por un pensamiento de la complejidad. Esta ética promueve la construcción de una racionalidad ambiental fundada en una nueva economía –moral, ecológica y cultural– como condición para establecer un nuevo modo de producción que haga viables estilos de vida ecológicamente sostenibles y socialmente justos. Se nutre de un conjunto de preceptos, principios y propuestas para reorientar los comportamientos individuales y colectivos, así como las acciones públicas y privadas orientadas hacia la sustentabilidad. Entre ellos identificamos los siguientes (Leff, 2002; *Manifiesto por la vida, por una ética para la sustentabilidad*, 2002):

31

Etica de una producción para la vida.

La pobreza y la injusticia social son los signos más elocuentes del malestar de nuestra cultura, y están asociadas directa o indirectamente con el deterioro ecológico a escala planetaria y son el resultado de procesos históricos de exclusión económica, política, social y cultural. La división creciente entre países ricos y pobres, de grupos de poder y mayorías desposeídas, sigue siendo el mayor riesgo ambiental y el mayor reto de la sustentabilidad. La ética para la sustentabilidad enfrenta a la creciente contradicción en el mundo entre opulencia y miseria, alta tecnología y hambruna, explotación creciente de los recursos y depauperación y desesperanza de miles de millones de seres humanos, mundialización de los mercados y marginación social. La justicia social es condición sine qua non de la sustentabilidad. Sin equidad en la distribución de los bienes y servicios ambientales no será posible construir sociedades ecológicamente sostenibles y socialmente justas. La construcción de sociedades sustentables pasa por el cambio hacia una civilización basada en el aprovechamiento de fuentes de energía renovable, económicamente eficiente y ambientalmente amigable, como la energía solar. El viraje del paradigma mecanicista al ecológico se está dando en la ciencia, en los valores y actitudes individuales y colectivas, así como en los patrones de organización social y en nuevas estrategias productivas, como la agroecología y la agroforestería. Tanto los conocimientos científicos actuales, como los movimientos sociales emergentes que pugnan por nuevas formas sustentables de producción están abriendo posibilidades para la construcción de una nueva racionalidad productiva, fundada en la productividad ecotecnológica de cada región y ecosistema, a partir de los potenciales de la naturaleza y de los valores de la cultura. Esta nueva racionalidad productiva abre las perspectivas a un proceso económico que rompe con el modelo unificador, hegemónico y homogeneizante del mercado como ley suprema de la economía (Leff, 2002).

La ética para la sustentabilidad va más allá del propósito de otorgar a la naturaleza un valor intrínseco universal, económico o instrumental. Los bienes ambientales son valorizados por la cultura a través de cosmovisiones, sentimientos y creencias que son resultado de prácticas milenarias de transformación y coevolución con la naturaleza. El reconocimiento de los límites de la intervención cultural en la naturaleza significa también aceptar los límites de la tecnología que ha llegado a suplantar los valores humanos por la eficiencia de su razón utilitarista. La bioética debe moderar la intervención tecnológica en el orden biológico. La técnica debe ser gobernada por un sentido ético de su potencia transformadora de la vida (Leff, 2002).

Etica del conocimiento y diálogo de saberes.

La ciencia ha constituido el instrumento más poderoso de conocimiento y transformación de la naturaleza, con capacidad para resolver problemas críticos como la escasez de recursos, el hambre en el mundo y de procurar mejores condiciones de bienestar para la humanidad. La búsqueda del conocimiento a través de la racionalidad científica ha sido uno de los valores sobresalientes del espíritu humano. Sin embargo, se ha llegado a un dilema: al mismo tiempo que el pensamiento científico ha abierto las posibilidades para una "inteligencia colectiva" asentada en los avances de la cibernética y las tecnologías de la información, la sumisión de la ciencia y la tecnología al interés económico y al poder político comprometen seriamente la supervivencia del ser humano; a su vez, la inequidad social asociada a la privatización y al acceso desigual al conocimiento y a la información resultan moralmente injustos. La capacidad humana para trascender su entorno inmediato e intervenir los sistemas naturales está modificando, a menudo de manera irreversible, procesos naturales cuya evolución ha tomado millones de años, desencadenando riesgos ecológicos fuera de todo control científico. El avance científico ha acompañado a una ideología del progreso económico y del dominio de la naturaleza, privilegiando modelos mecanicistas y cuantitativos de la realidad que ignoran las dimensiones cualitativas, subjetivas y sistémicas que alimentan otras formas del conocimiento. El fraccionamiento del pensamiento científico lo ha inhabilitado para comprender y abordar los problemas socio-ambientales complejos. Si bien las ciencias y la economía han sido efectivas para intervenir sistemas naturales y ampliar las fronteras de la información, paradójicamente no se han traducido en una mejoría en la calidad de vida de la mayoría de la población mundial; muchos de sus efectos más perversos están profundamente enraizados en los presupuestos, axiomas, categorías y procedimientos de la economía y de las ciencias (Leff, 2002).

La ciencia se debate hoy entre dos políticas alternativas. Por una parte, seguir siendo la principal herramienta de la economía mundial de mercado orientada por la búsqueda de la ganancia individual y el crecimiento sostenible. Por otra parte, está llamada a producir conocimientos y tecnologías que promuevan la calidad ambiental, el manejo sustentable de los recursos naturales y el bienestar de los pueblos. Para ello será necesario conjugar las aportaciones racionales del conocimiento científico con las reflexiones morales de la tradición humanística abriendo la posibilidad de un nuevo conocimiento donde puedan convivir la razón y la pasión, lo objetivo y lo subjetivo, la verdad y lo bueno. La eficacia de la ciencia le ha conferido una legitimidad dentro de la cultura hegemónica del Occidente como paradigma "por excelencia" de conocimiento, negando y excluyendo los saberes no científicos, los saberes populares, los saberes indígenas, tanto en el diseño de estrategias de conservación ecológica y en los proyectos de desarrollo sostenible, así como en la resolución de conflictos ambientales. Hoy los asuntos cruciales de la sustentabilidad no son comprensibles ni resolubles solo mediante los conocimientos de la ciencia, incluso con el concurso de un cuerpo científico interdisciplinario, debido en parte al carácter complejo de los asuntos ambientales y en parte porque las decisiones sobre la sustentabilidad ecológica y la justicia ambiental ponen en juego a diversos saberes y actores sociales. Los juicios de verdad implican la intervención de visiones, intereses y valores que son irreductibles al juicio "objetivo" de las ciencias (Leff, 2002).

La toma de decisiones en asuntos ambientales demanda la contribución de la ciencia para tener información más precisa sobre fenómenos naturales. Es el caso del calentamiento global del planeta, donde las predicciones científicas sobre la vulnerabilidad ecológica y los riesgos socio-ambientales, a pesar de su inevitable grado de incertidumbre, deben predominar sobre las decisiones basadas en el interés económico y en creencias infundadas en las virtudes del mercado para resolver los problemas ambientales (Leff, 2002).

La ética de la sustentabilidad remite a la ética de un conocimiento orientada hacia una nueva visión de la economía, de la sociedad y del ser humano. Ello implica promover estrategias de conocimiento abiertas a la hibridación de las ciencias y la tecnología moderna con los saberes populares y locales en una política de la interculturalidad y el diálogo de saberes. La ética implícita en el saber ambiental recupera el "conocimiento valorativo" y coloca al conocimiento dentro de la trama de relaciones de poder en el saber. El conocimiento valorativo implica la recuperación del valor de la vida y el reencuentro de nosotros mismos, como seres humanos sociales y naturales, en un mundo donde prevalece la codicia, la ganancia, la prepotencia, la indiferencia y la agresión, sobre los sentimientos de solidaridad, compasión y comprensión. Induce un cambio de concepción del conocimiento de una realidad hecha de objetos por un saber orientado hacia el mundo del ser. La comprensión de la complejidad ambiental demanda romper el cerco de la lógica y abrir el círculo de la ciencia que ha generado una visión unidimensional y fragmentada del mundo. Reconociendo el valor y el potencial de la ciencia para alcanzar estadios de mayor bienestar para la humanidad, la ética de la sustentabilidad conlleva un proceso de reapropiación social del conocimiento y la orientación de los esfuerzos científicos hacia la solución de los problemas más acuciantes de la humanidad y los principios de la sustentabilidad: una economía ecológica, fuentes renovables de energía, salud y calidad de vida para todos, erradicación de la pobreza y seguridad alimentaria. El círculo de las ciencias debe abrirse hacia un campo epistémico que incluya y favorezca el florecimiento de diferentes formas culturales de conocimiento. El saber ambiental es la apertura de la ciencia interdisciplinaria y sistémica hacia un diálogo de saberes (Leff, 2002).

Implica revertir el principio de "pensar globalmente y actuar localmente". Este precepto lleva a una colonización del conocimiento a través de una geopolítica del saber que legitima el pensamiento y las estrategias formuladas en los centros de poder de los países "desarrollados" dentro de la racionalidad del proceso dominante de globalización económica, para ser reproducidos e implantados en los países "en desarrollo" o "en transición", en cada localidad y en todos los poros de la sensibilidad humana. Sin desconocer los aportes de la ciencia para transitar hacia la sustentabilidad, es necesario repensar la globalidad desde la localidad del saber, arraigado en un territorio y una cultura, desde la riqueza de su heterogeneidad, diversidad y singularidad; y desde allí reconstruir el mundo a través del diálogo intercultural de saberes y la hibridación de los conocimientos científicos con los saberes locales (Leff, 2002).

La educación para la sustentabilidad debe entenderse en este contexto como una pedagogía basada en el diálogo de saberes, y orientada hacia la construcción de una racionalidad ambiental. Esta pedagogía incorpora una visión holística del mundo y un pensamiento de la complejidad. Pero va más allá al fundarse en una ética y una ontología de la otredad que del mundo cerrado de las interrelaciones sistémicas del mundo objetivado de lo ya dado, se abre hacia lo infinito del mundo de lo posible y a la creación de "lo que aún no es". Es la educación para la construcción de un futuro sustentable, equitativo, justo y diverso. Es una educación para la participación, la autodeterminación y la transformación; una educación que permita recuperar el valor de lo sencillo en la complejidad; de lo local ante lo global; de lo diverso ante lo único; de lo singular ante lo universal (Leff, 2002).

Etica de la ciudadanía global, el espacio público y los movimientos sociales.

La globalización económica está llevando a la privatización de los espacios públicos. El destino de las naciones y de la gente está cada vez más conducido por procesos económicos y políticos que se deciden fuera de sus esferas de autonomía y responsabilidad. El movimiento ambiental ha generado la emergencia de una ciudadanía global que expresa los derechos de todos los pueblos y todas las personas a participar de manera individual y colectiva en la toma de decisiones que afectan su existencia, emancipándose del poder del Estado y del mercado como organizadores de sus mundos de vida. El sistema parlamentario de las democracias modernas se encuentra en crisis porque la esfera pública, entendida como el espacio de interrelación dialógica de aspiraciones, voluntades e intereses, ha sido desplazada por la negociación y el cálculo de interés de los partidos que, convertidos en grupos de presión, negocian sus respectivas oportunidades de ocupar el poder. Para resolver las paradojas del efecto mayoría es necesario propiciar una política de tolerancia y participación de las disidencias y las diferencias. Asimismo debe alentarse los valores democráticos para practicar una democracia directa. La democracia directa se funda en un principio de participación colectiva en los procesos de toma de decisiones sobre los asuntos de interés común. Frente al proyecto de democracia liberal que legitima el dominio de la racionalidad del mercado, la democracia ambiental reconoce los derechos de las comunidades autogestionarias fundadas en el respeto a la soberanía y dignidad de la persona humana, la responsabilidad ambiental y el ejercicio de procesos para la toma de decisiones a partir del ideal de una organización basada en los vínculos personales, las relaciones de trabajo creativo, los grupos de afinidad, y los cabildos comunales y vecinales (Leff, 2002).

El ambientalismo es un movimiento social que, nacido de esta época de crisis civilizatoria marcada por la degradación ambiental, el individualismo, la fragmentación del mundo y la exclusión social, nos convoca a pensar sobre el futuro de la vida, a cuestionar el modelo de desarrollo prevaleciente y el concepto mismo de desarrollo, para enfrentar los límites de la relación de la humanidad con el planeta. La ética de la sustentabilidad nos confronta con el vínculo de la sociedad con la naturaleza, con la condición humana y el sentido de la vida. La ética para la construcción de una sociedad sustentable conduce hacia un proceso de emancipación que reconoce, como enseñaba Paulo Freire, que nadie libera a nadie y nadie se libera sólo; los seres humanos sólo se liberan en comunión. De esta manera es posible superar la perspectiva "progresista" que pretende salvar al otro (al indígena, al marginado, al pobre) dejando de ser él mismo para integrarlo a un ser ideal universal, al mercado global o al Estado nacional; forzándolo a abandonar su ser, sus tradiciones y sus estilos de vida para convertirse en un ser "moderno" y "desarrollado" (Leff, 2002).

Etica de la gobernabilidad global y la democracia participativa.

Apela a la responsabilidad moral de los sujetos, los grupos sociales y el Estado para garantizar la continuidad de la vida y para mejorar la calidad de la vida. Esta responsabilidad se funda en principios de solidaridad entre esferas políticas y sociales, de manera que sean los actores sociales quienes definan y legitimen el orden social, las formas de vida, las prácticas de la sustentabilidad, a través del establecimiento de un nuevo pacto ciudadano y de un debate democrático, basado en el respeto mutuo, el pluralismo político y la diversidad cultural, con la primacía de una opinión pública crítica actuando con autonomía ante los poderes del Estado. Cuestiona las formas vigentes de dominación establecidas por las diferencias de género, etnia, clase social y opción sexual, para establecer una diversidad y pluralidad de derechos de la ciudadanía y la comunidad. Ello implica reconocer la imposibilidad de consolidar una sociedad democrática dentro de las grandes inequidades económicas y sociales en el mundo y en un escenario político en el cual los actores sociales entran al juego democrático en condiciones de desigualdad y donde las mayorías tienen nulas o muy limitadas posibilidades de participación. Demanda un nuevo pacto social. Este debe fundarse en un marco de acuerdos básicos para la construcción de sociedades sustentables que incluya nuevas relaciones sociales, modos de producción y patrones de consumo. Estos acuerdos deben incorporar la diversidad de estilos culturales de producción y de vida; reconocer los disensos, asumir los conflictos, identificar a los ausentes del diálogo e incluir a los excluidos del juego democrático. Estos principios éticos conducen hacia la construcción de una racionalidad alternativa que genere sociedades sustentables para los millones de pobres y excluidos de este mundo globalizado, reduciendo la brecha entre crecimiento y distribución, entre participación y marginación, entre lo deseable y lo posible (Leff, 2002).

Una ética para la sustentabilidad debe inspirar nuevos marcos jurídico-institucionales que reflejen, respondan y se adapten al carácter tanto global y regional, como nacional y local de las dinámicas ecológicas, así como a la revitalización de las culturas y sus conocimientos asociados. Esta nueva institucionalidad debe contar con el mandato y los medios para hacer frente a las inequidades en la distribución económica y ecológica la concentración de poder de las corporaciones transnacionales, la corrupción e ineficacia de los diferentes órganos de gobierno y gestión, y para avanzar hacia formas de gobernabilidad más democráticas y participativas de la sociedad en su conjunto (Leff, 2002).

Etica de los derechos, la justicia y la democracia.

El derecho no es la justicia. La racionalidad jurídica ha llevado a privilegiar los procesos legales por encima de normas sustantivas, desatendiendo así el establecimiento de un vínculo social fundado en principios éticos, así como la aplicación de principios esenciales para garantizar el ejercicio de los derechos humanos fundamentales, ambientales y colectivos. Apoyados en la Declaración Universal de los Derechos Humanos, todos tenemos derecho a las mismas oportunidades, a tener derechos comunes y diferenciados. El proyecto para avanzar hacia la nueva alianza solidaria con una civilización de la diversidad y una cultura de baja entropía, presupone el primado de una ética implicada en una nueva visión del mundo que nos disponga para una transmutación de los valores que funden un nuevo contrato social. En las circunstancias actuales de bancarrota moral, ecológica y política, este cambio de valores es un imperativo de supervivencia (Leff, 2002).

La concepción moral de la modernidad ha tendido a favorecer las acciones regidas por la racionalidad instrumental y el interés económico, al tiempo que ha diluido la sensibilidad que permite diferenciar un comportamiento utilitarista de otro fundado en valores sustantivos e intrínsecos. La complejidad creciente del mundo moderno ha erradicado una visión universal del bien o un principio trascendental de lo justo que sirvan de cimiento para el vínculo social solidario. La ética de la sustentabilidad debe ser una ética aplicada que asegure la coexistencia entre visiones rivales en un mundo constituido por una diversidad de culturas y matrices de racionalidad, centradas en diferentes ideas del bien. Si lo que caracteriza a las sociedades contemporáneas es el poder científico sobre la naturaleza y el poder político sobre los seres humanos, la ética para la sustentabilidad debe formular los principios para prevenir que cualquier bien social sirva como medio de dominación. Existiendo diferentes bienes sociales, su distribución configura distintas esferas de justicia, cada una de las cuales debe ser autónoma y dotada de reglas propias. De esta complejidad de los bienes sociales nace la noción de equidad compleja resultante de la intersección entre el proyecto de combatir la dominación y el programa de diferenciación de esferas de la justicia. Si la dominación es una de las formas esenciales del mal, abolirla es el bien supremo. Ello significa desatar los nudos del pensamiento y las estrategias de poder en el saber que nos someten a los distintos dispositivos de sojuzgamiento activados en ideologías e instituciones sociales. La lucha contra la dominación es un proyecto moral cuyo núcleo consiste en cultivar una ética de las virtudes que nos permita renunciar a los valores morales, los sistemas de organización política y los artefactos tecnológicos que han servido como medios de dominación. Es al mismo tiempo un proyecto cultural para avanzar hacia la reinvención ética y estética de la mente, los modelos económico-sociales y las relaciones naturaleza-cultura que configuran el estilo de vida dominante en esta civilización. Se trata de una ética de las virtudes personales y cívicas que garantice el respeto de una base mínima de deberes positivos y negativos, que asegure las normas básicas de convivencia para la sustentabilidad (Leff, 2002).

La ética para la sustentabilidad es una ética de los derechos fundamentales predicables que promueve la dignidad humana como el valor más alto y condición fundamental para reconstruir las relaciones del ser humano con la naturaleza. Es una ética de la solidaridad que rebasa el individualismo para fundarse en el reconocimiento de la otredad y de la diferencia; una ética democrática participativa que promueve el pluralismo, que reconoce los derechos de las minorías y las protege de los abusos que les pueden causar los diferentes grupos de poder. El bien común es asegurar la producción y procuración de justicia para todos, respetando lo propio de cada quién y dando a cada cual lo suyo (Leff, 2002).

Etica de los bienes comunes y del bien común.

Los actuales procesos de intervención tecnológica, de revalorización económica y de reapropiación social de la naturaleza están planteando la necesidad de establecer los principios de una bioética junto con una ética de los bienes y servicios ambientales. Los bienes comunales no son bienes libres, sino que han sido significados y transformados por valores comunes de diferentes culturas. Los bienes públicos no son bienes de libre acceso pues deben ser aprovechados para el bien común. Hoy, los "bienes comunes" están sujetos a las formas de propiedad y normas de uso donde confluyen de manera conflictiva los intereses del Estado, de las empresas transnacionales y de los pueblos en la redefinición de lo propio y de lo ajeno; de lo público y lo privado; del patrimonio de los pueblos, del Estado y de la humanidad. Los bienes ambientales son una intrincada red de bienes comunales y bienes públicos donde se confrontan los principios de la libertad del mercado, la soberanía de los Estados y la autonomía de los pueblos (Leff, 2002).

La ética del bien común se plantea como una ética para la resolución del conflicto de intereses entre lo común y lo universal, lo público y lo privado. La ética del orden público y los derechos colectivos confrontan a la ética del derecho privado como mayor baluarte de la civilización moderna, cuestionando al mercado y la privatización del conocimiento – la mercantilización de la naturaleza y la privatización y los derechos de propiedad intelectual– como principios para definir y legitimar las formas de posesión, valorización y usufructo de la naturaleza, y como el medio privilegiado para alcanzar el bien común. Frente a los derechos de propiedad privada y la idea de un mercado neutro en el cual se expresan preferencias

41

individuales como fundamento para regular la oferta de bienes públicos, hoy emergen los derechos colectivos de los pueblos, los valores culturales de la naturaleza y las formas colectivas de propiedad y manejo de los bienes comunales, definiendo una ética del bien común y confrontando las estrategias de apropiación de la biodiversidad por parte de las corporaciones de la industria de la biotecnología. Implica cambiar el principio del egoísmo individual como generador de bien común por un altruismo fundado en relaciones de reciprocidad y cooperación. Es así, que se está arraigando en movimientos sociales ascendentes, en grupos culturales crecientes, que hoy en día comienzan a enlazarse en torno de redes ciudadanas y de foros sociales mundiales en la nueva cultura de solidaridad (Leff, 2002).

Etica de la diversidad cultural y de una política de la diferencia.

El discurso del "desarrollo sostenible" preconiza un futuro común para la humanidad, mas no incluye adecuadamente las visiones diferenciadas de los diferentes grupos sociales involucrados, y en particular, de las poblaciones indígenas que a lo largo de la historia han convivido material y espiritualmente en armonía con la naturaleza. La sustentabilidad debe estar basada en un principio de integridad de los valores humanos y las identidades culturales, con las condiciones de productividad y regeneración de la naturaleza, principios que emanan de la relación material y simbólica que tienen las poblaciones con sus territorios, con los recursos naturales y el ambiente. Las cosmovisiones de los pueblos ancestrales están asentadas en y son fuente inspiradora de prácticas culturales de uso sustentable de la naturaleza. La ética para la sustentabilidad acoge esta diversidad de visiones y saberes, y contesta todas las formas de dominación, discriminación y exclusión de sus identidades culturales. Una ética de la diversidad cultural implica una pedagogía de la otredad para aprender a escuchar otros razonamientos y otros sentimientos. Esa otredad incluye la espiritualidad de las poblaciones indígenas, sus conocimientos ancestrales y sus prácticas tradicionales, como una contribución fundamental de la diversidad cultural a la sustentabilidad humana global (Leff, 2002).

Para los pueblos indígenas y afro-descendientes, así como para muchas sociedades campesinas y organizaciones populares, la ética de la sustentabilidad se traduce en una ética del respeto a sus estilos de vida y a sus espacios territoriales, a sus hábitos y a su hábitat, tanto en el ámbito rural como en el urbano, en prácticas sociales para la protección de la naturaleza, la garantía de la vida y la sustentabilidad humana. Los conocimientos ancestrales, por su carácter colectivo, se definen a través de sus propias cosmovisiones y racionalidades culturales y contribuyen al bien común del pueblo al que pertenecen. Por ello sus saberes, su naturaleza y su cultura no deben ser sometidos al uso y a la propiedad privados. En las cosmovisiones de los pueblos indígenas y afro-descendientes, así como de muchas comunidades campesinas, la naturaleza y la sociedad están integradas dentro de un sistema biocultural, donde la organización social, las prácticas productivas, la religión, la espiritualidad y la palabra integran un ethos que define sus estilos propios de vida. La ética remite a un concepto de bienestar que incluye a la "gran familia" y no únicamente a las personas. Este vivir bien de la comunidad se refiere al logro de su bienestar fundado en sus valores culturales e identidades propias. Las dinámicas demográficas, de movilidad y ocupación territorial, así como las prácticas de uso y manejo de la biodiversidad, se definen dentro de una concepción de la trilogía territorio-cultura-biodiversidad como un todo íntegro e indivisible. El territorio se define como el espacio para ser y la biodiversidad como un patrimonio cultural que permite al ser permanecer; por tanto la existencia cultural es condición para la conservación y uso sustentable de la biodiversidad. Estas concepciones del mundo están generando nuevas alternativas de vida para muchas comunidades rurales y urbanas (Leff, 2002).

El derecho inalienable de los pueblos a su ser cultural debe llevar a una nueva ética de los derechos de los pueblos frente al Estado. La ética para la sustentabilidad abre así los cauces para recuperar identidades, para volver a preguntarnos quienes somos y quienes queremos ser. Es una ética para mirar y volver a nuestras raíces. Una ética para reconocernos y regenerar lazos de comunicación y solidaridad desde nuestras diferencias y para no seguir atropellando al otro, para reestablecer la confianza entre los seres humanos y entre los pueblos sojuzgados, haciendo realidad los preceptos de la Declaración Universal de los Derechos Humanos (Leff, 2002).

Etica de la paz y el diálogo para la resolución de conflictos.

El peor mal de la humanidad es la guerra que aniquila la vida y aplasta a la naturaleza, así como la violencia física y simbólica que desconoce la dignidad humana y el derecho del otro. La ética para la sustentabilidad es la ética de una cultura de paz y de la no-violencia; de una sociedad que resuelva sus conflictos a través del diálogo. Esta cultura de diálogo y paz sólo puede darse dentro de una sociedad de personas libres donde se construyan acuerdos y consensos en procesos en los cuales también haya lugar para los disensos. La capacidad argumentativa ha permitido a los seres humanos usar el juicio racional y la retórica para mantener y defender posiciones e intereses individuales y de grupo frente al bien común y de las mayorías. Sólo un juicio moral puede dirimir y superar las controversias entre juicios racionales igualmente legítimos. La función de la inteligencia no es sólo la de razonar lógicamente, conocer y crear productivamente, sino la de orientar sabiamente el comportamiento y dar sentido a la existencia. Estas son funciones éticas del bien vivir. En este sentido, la ética enaltece a la razón. La dignidad, la identidad y la autonomía de las personas aparecen como derechos fundamentales del ser a existir y a ser respetado. Si todo orden social –incluso el democrático– supone formas de exclusión, en cada escenario de negociación se debe incluir a todos los grupos afectados e interesados. Esta transparencia es fundamental en los procesos de resolución de conflictos ambientales por la vía del diálogo y la negociación, sobre todo si consideramos que las comunidades e individuos más afectados por la crisis ambiental en todas sus manifestaciones son justamente los más pobres, los subalternos y los excluidos del esquema de la democracia liberal (Leff, 2002).

Para que la ética se convierta en un criterio operativo que permita dirimir conflictos entre actores en diferentes escalas y poderes desiguales, será necesario un acuerdo de principios de igualdad que sea asumido y practicado por todos los actores de la sustentabilidad. Ello implica reconocer la especificidad de los diferentes actores y sectores sociales con sus impactos ecológicos, responsabilidades, intereses y demandas, y en sus diferentes escalas de intervención: local, nacional, internacional. Para ello es necesario superar las dicotomías entre países ricos y pobres, así como las oposiciones convencionales entre Norte/Sur, Estado/sociedad civil, esfera pública/esfera privada, de manera que se identifiquen los valores, intereses y responsabilidades de actores concretos dentro de las controversias puestas en juego por grupos sociales, corporaciones, empresas y Estados específicos. Este ejercicio es fundamental para que las políticas, las decisiones y los compromisos adoptados correspondan con las responsabilidades diferenciadas y con las condiciones específicas de los actores involucrados (Leff, 2002).

Etica del ser y del tiempo de la sustentabilidad.

Es el reconocimiento de los tiempos diferenciados de los procesos naturales, económicos, políticos, sociales y culturales: del tiempo de la vida y de los ciclos ecológicos, del tiempo que se incorpora al ser de las cosas y el tiempo que encarna en la vida de los seres humanos; del tiempo que marca los ritmos de la historia natural y la historia social; del tiempo que forja procesos, acuña identidades y desencadena tendencias; del encuentro de los tiempos culturales diferenciados de diversos actores sociales para generar consultas, consensos y decisiones dentro de sus propios códigos de ética, de sus usos y costumbres (Leff, 2002).

La vida de una especie, de la humanidad y de las culturas no concluye en una generación. La vida individual es transitoria, pero la aventura del sistema vivo y de las identidades colectivas trasciende en el tiempo. El valor fundamental de todo ser vivo es la perpetuación de la vida. El mayor valor de la cultura es su apertura hacia la diversidad cultural. La construcción de la sustentabilidad está suspendida en el tiempo, en una ética transgeneracional. El futuro sustentable sólo será posible en un mundo en el que la naturaleza y la cultura continúen co-evolucionando (Leff, 2002).

Coloca a la vida por encima del interés económico-político o práctico-instrumental. La sustentabilidad sólo será posible si regeneramos el deseo de vida que sostiene los sentidos de la existencia humana. La ética de la sustentabilidad es una ética para la renovación permanente de la vida, donde todo nace, crece, enferma, muere y renace. La preservación del ciclo permanente de la vida implica saber manejar el tiempo para que la tierra se renueve y la vida florezca en todas sus formas conviviendo en armonía en los mundos de vida de las personas y las culturas. La ética de la sustentabilidad se nutre del ser cultural de los pueblos, de sus formas de saber, del arraigo de sus saberes en sus identidades y de la circulación de saberes en el tiempo. Estos legados culturales son los que hoy abren la historia y permiten la emergencia de lo nuevo a través del diálogo intercultural y transgeneracional de saberes, fertilizando los caminos hacia un futuro sustentable (Leff, 2002).

Bibliografía.

Caballero, M., S. Lozano y B. Ortega, 2007. Efecto invernadero, calentamiento global y cambio climático: una perspectiva desde las ciencias de la tierra. Revista Digital Universitaria Vol. 8, Núm. 10.

http://www.revista.unam.mx/vol.8/num10/art78/int78.htm

Caillaux-Zazzali, J., 2001. "Lenguaje, Derecho y Desarrollo Sustentable" 4º Coloquio FARN: Propuestas de Políticas para el Desarrollo Sustentable; Participar para Cambiar. Salvador de Jujuy, Argentina, septiembre. En internet: http://www.farn.org.ar/prog/coloquios/ponencia_caillaux.pdf

Capra, F., 1996. La Trama de la Vida. Ed. Anagrama. Barcelona.

Carrizosa, J., 2001. ¿Qué es Ambientalismo?. PNUMA. IDEA.UN. CEREC. Bogotá.

Castro, G., 1996. Naturaleza y Sociedad en la Historia de América Latina. CELA. Panamá.

Cely Galindo, GSJ. 2001. "Una mirada bioética desde la ciencia" en El horizonte bioético de las ciencias. Ceja y RJ Editores, p. 38

Contill, J., 1998. Ética de la sociedad civil. Fundación Social. Siglo de Oro Editores.

Cortina, A., 1997. Ciudadanos del Mundo. Hacia una teoría de la ciudadanía. Editorial Alianza. Madrid.

Cunill, P., 1996. Las Transformaciones del Espacio Geohistórico Latinoamericano, 1930 – 1990. Fondo de Cultura Económica, México.

Dansereau, P., 1981. Interioridad y Medio Ambiente. Nueva Imagen, México.

Descartes, R., 1989. El discurso del método. Alianza Editorial, Madrid.

Dobson, A., 1997. Pensamiento Político Verde, Paidós Ibérica, Barcelona. Conferencia Globalización y Sustentabilidad. Conclusiones. Porto Alegre, febrero, 2002. En internet: www.forumsocialmundial.org.br

Fernández–Buey, Francisco. Ética y Filosofía Política – En internet: http://www.upf.es/iuc/buey/etica-a/tema3.htm

Funtowicz, S. y B. de Marchi, 2000. "Complejidad Reflexiva y Sustentabilidad", en Leff, E. (Coord.), La Complejidad Ambiental, Siglo XXI/UNAM/ PNUMA, México.

Galindo, L. M. (coord.), 2009. La economía del cambio climático en México. Síntesis. Gobierno Federal, SEMARNAT, SHCP. 67 p.

Ghione, S., 2009. Límites planetarios y sustentabilidad global. Centro Latinoamericano de Ecología Social. Publicado en Ambiental.net el 23 de diciembre de 2009. 4 p.

Gudynas, E., 2001. "Ética y Ciencia Frente a la Naturaleza". En internet: http://www.ambiental.net/claes/biblioteca/GudynasEticaCiencia.htm

Held, D., 1997. La Democracia y el Orden Global. Estado y Sociedad. Paidós. México

Ilin, M., 1955. El Hombre y la Naturaleza. Editorial Futuro, Buenos Aires.

Larraín, S., 2002. La línea de dignidad como indicador de sustentabilidad socioambiental: Avances desde el concepto de vida mínima hacia el concepto de vida digna. Programa Chile Sustentable. Aportes del Programa Cono Sur al Foro Social Mundial 2002 (mimeo).

Leff, E., 1994. Ecología y Capital. Racionalidad Ambiental, Democracia Participativa y Desarrollo Sustentable, Siglo XXI/UNAM, México.

Leff, E., 1998/2002. Saber Ambiental: Racionalidad, Sustentabilidad, Complejidad, Poder, México, Siglo XXI/UNAM/PNUMA (tercera edición revisada y ampliada, 2002).

Leff, E., 1999. Tiempo de sustentabilidad. Formación Ambiental. PNUMA, México, Vol. 11, Núm. 25.

Leff, E., 2000. Pensar la complejidad ambiental, en la complejidad ambiental, Siglo XXI/ UNAM/PNUMA, México.

Leff, E. (coord), 2000. Los problemas del conocimiento y la perspectiva ambiental del desarrollo. Siglo XXI: México. 2ª ed.

Leff, E. (coord.), 2002. Etica, vida, sustentabilidad. PNUMA, Pensamiento Ambiental Latinoamericano, 5. 331 p.

Leff, E., 2008. Discursos sustentables. Editorial Siglo XXI, México, 273 págs.

Mander, J. A. 2001. Globalización Económica y Medio Ambiente. En internet: www.ifg.org

Medina, M. "Ciencia, Tecnología y Cultura. Bases para un Desarrollo Compatible". En internet: http://ctcs.fsf.ub.es/prometheus/articulos/ctc.doc

Manifiesto por la vida. Por una ética para la sustentabilidad, 2002. Ambiente & Sociedade, 10. Campinas Jan./June.

Ostrom. E., 1990. Governing the Commons. Cambridge University Press.

PEMEX, 2013. http://www.24-horas.mx/cantarell-se-le-acaba-a-pemex/

PNUMA, 2002.   Geo3. Global Environment Outlook. Perspectivas del Medio Ambiente Mundial 3.

PNUMA, 2011. Decoupling Natural Resource Use and Environmental Impacts from Economic Growth, A Report of the Working Group on Decoupling to the International Resource Panel. Fischer-Kowalski, M., Swilling, M., von Weizsäcker, E.U., Ren, Y., Moriguchi, Y., Crane, W.,

PNUMA, 1999. "Perspectivas Mundiales" en Perspectivas del Medio Ambiente Mundial 2000. GEO 2000. PNUMA- Ediciones Mundi-Prensa. Madrid.

Potter, Van R., 1971.   Bioethics, Bridge to the Future. Englewood Cliffs, NJ. Prentice-Hall, Inc.

Programa de Jóvenes hacia la Sustentabilidad Ambiental 2009-2012. Secretaría de Medio Ambiente y Recursos Naturales Secretaría de Medio Ambiente y Recursos Naturales (Semarnat). Unidad coordinadora de participación social y transparencia dirección general adjunta de igualdad y derechos humanos. Subdirección del programa de jóvenes hacia la sustentabilidad ambiental. Abril, 2011. 51p.

Rawls, J., 1979. Teoría de la Justicia, Fondo de Cultura Económica, México.

RockstrÖm, J., 2009. A safe operating space for humanity. Nature, Vol 461|24.

Sachs, W. (ed.), 1993. Global Ecology: A N ew Arena for Political Conflict. Zed Press. Londres

Stiglitz, J., 2000. Transcripción de presentación a la iniciativa "Ética y Desarrollo" del Banco Interamericano de Desarrollo.

Toynbee, A. y Daisaku, I., 1980. Escoge la vida. Emecé , Buenos Aires.

Tugendhat, T., 1997. Lecciones de Ética, Gedisa, Barcelona.

UNESCO – CAM – Proyecto Ecoarte, 2001. Conclusiones del Seminario Internacional Descubrir, Imaginar, Conocer; Ciencia, Arte y Medio Ambiente. CEMACAM Torre Guil, Murcia. Sep.

Varela, F., 1996. Ética y Acción. Dolmen Ediciones. Santiago.

Walzer, M., 1998. Tratado sobre la Tolerancia, Paidos, Barcelona.

WEF, 2002. Environmental Sustainability Index. (www.wef.org).

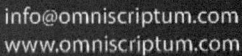

Printed by Books on Demand GmbH, Norderstedt / Germany